ANNE-MARIE G

« entre guillemets »

Coaching orthographique

9 défis pour écrire sans faute

de boeck duculot

Pour toute information sur notre fonds et les nouveautés dans votre domaine de spécialisation, consultez notre site web : **www.deboeck.com**

1re édition
7e tirage 2015

Imprimé en Belgique

Dépôt légal :
Bibliothèque nationale, Paris : septembre 2010
Bibliothèque royale de Belgique, Bruxelles : 2010/0035/016

ISSN 1374-0881
ISBN 978-2-8011-1637-1

SOMMAIRE

INTRODUCTION

1. Mon récit et mes expériences

D'un père contremaître et d'une mère brodeuse à domicile, je suis née en France, dans une famille ouvrière de la région des Mauges, dans le Maine et Loire. Ma sœur aînée, qui fut brillante dans ses études, me dit encore aujourd'hui qu'elle garde de mauvais souvenirs de mes mauvaises notes car toute la famille en pâtissait.

On me faisait faire des dictées et des problèmes de mathématiques simples, mais rien n'y faisait, les larmes coulaient sur mes joues. J'avais mal ! J'aurais donné n'importe quoi pour ne pas me réveiller les matins de dictées. C'était l'enfer du zéro à répétition, et pourtant j'aimais écrire des poèmes ou de petites histoires que j'inventais. Les enseignants me disaient souvent que le contenu des devoirs était bon, mais que l'orthographe était déplorable. Résultat, je perdais des points dans toutes les matières.

J'avais mis en place des stratagèmes comme « l'art du camouflage ». Je transformais mon écriture pour éviter que l'on s'aperçoive de mon hésitation : ce mot devait-il prendre deux « m » ou seulement un ?

En 1968, j'allais en consultation chez une orthophoniste avec d'autres enfants ; aujourd'hui encore, je garde de ces séances un goût amer.

Au fil des années de scolarité, la souffrance n'a fait que s'accentuer. Je suis rapidement tombée dans ce que l'on appelle le « syndrome de la nullité ». Nullité qui veut dire « rien » et qui veut dire

« zéro » ! Tous les efforts que je pouvais réaliser ne payaient pas. Ce fut une longue période de découragement voire d'abandon total.

Une question me hantait : « Suis-je normale ? ». On m'avait, dès le Cours Préparatoire, collé l'étiquette de « dyslexique » sur le dos. Je n'étais donc pas comme les autres ! Que voulait dire ce mot barbare ? Je ne l'ai découvert vraiment qu'à l'âge de 36 ans. Non ! Je ne souffrais pas d'une dyslexie mais d'une dysorthographie sévère. Les erreurs sont identiques mais les causes différentes...

Dans les années 1980, j'occupais un poste de secrétaire pédagogique au sein d'un établissement secondaire et l'orthographe était primordiale. Je me devais d'écrire sans faute. Toutefois, je savais au fond de moi que je quitterais ce poste pour faire autre chose. J'avais envie d'aller vers la formation. Aider les autres en difficulté comme moi. Mon parcours, si difficile, devait faire de moi une bonne pédagogue, c'était certain !

Maman, en 1985, d'une petite fille adorable, je me suis penchée, seule, sur mon problème d'orthographe. Avec le recul, je crois que j'avais peur qu'elle attrape cette « saleté de dysorthographie », comme si je pensais que j'allais lui transmettre mes difficultés.

J'ai passé des nuits entières à vérifier un maximum de mots pour être sûre de ce que j'écrivais. J'ai appelé cela mon « capital mots ». Le dictionnaire est devenu mon livre de chevet. J'ai ainsi, par exemple, dressé des listes de mots commençant par un son qui me posait problème lors d'un doublement de consonne.

Je me suis aussi penchée des heures et des heures sur la grammaire, et c'est là qu'est venu le temps de la transformation des règles. J'ai tenté de les simplifier au maximum, de personnifier *être* et *avoir*, bref, de m'expliquer la grammaire « autrement ». Là encore, la somme de travail a été considérable. L'ensemble étant devenu une histoire simple, je me sentais rassurée. Oui, enfin ! J'avais trouvé les moyens de pouvoir écrire correctement.

La publication de mes trois tomes aux éditions Le Robert a été une sorte de consécration. J'ai travaillé seule et j'y suis parvenue ! J'avais repéré mes erreurs les plus courantes et j'arrivais enfin à me corriger moi-même au prix d'efforts de concentration et d'attention. J'ai retrouvé les bases de grammaire que l'on ne m'avait jamais enseignées. J'ai utilisé des techniques de lâcher-prise et de respiration que je pratique aujourd'hui pour moi et pour tous ceux que j'aide. Dysorthographique petite, j'ai créé un personnage imaginaire qui présente les caractéristiques de mon enfance. Ainsi est né Hugo, un garçon de 9 ans qui, malgré le temps passé à apprendre les règles de grammaire et les mots de vocabulaire, ne retient rien de l'usage du français.

Motivée et déterminée, j'ai tout mis en œuvre pour déjouer les pièges du langage écrit. Et ça a marché ! L'année 2009 fut pour moi une année importante pour deux raisons essentielles. D'une part, parce que j'ai créé un centre de formation pour transmettre ma méthode et permettre ainsi à des personnes de trouver ou retrouver un emploi et, d'autre part, parce que cette expérience m'a permis d'approcher à nouveau le public étudiant, que j'avais côtoyé quand j'enseignais en master 2 et en licence professionnelle et qui peut être, lui aussi, touché par la dysorthographie.

Un pied de nez à la grammaire… !

2. DÉFI 9 : les bénéfices de cette méthode pour les lecteurs

Toute la méthode repose sur les ressources personnelles de chacun. C'est l'apprenant lui-même qui sait ce dont il souffre, dans quelle direction il faut chercher, ce que sont ses problèmes cruciaux et les expériences qui ont été profondément refoulées. Lors de mes formations, j'ai vite compris que, si je voulais faire plus que démontrer ce que je savais faire, j'aurais à m'en remettre à l'apprenant. Il me guiderait et m'aiderait à avancer plus encore dans le monde des mots…

Je vais donc me centrer sur vous.

Évidemment, je me rends compte que mon apprentissage en classe de primaire a été un échec. Je peux même dire un véritable fiasco ! Je n'avais aucune conscience du mot. Je l'écrivais tel que je l'entendais. Les mots ne me parlaient pas. Ils m'handicapaient. En clair, je ne les aimais pas sur le papier, mais je les adorais quand je les prononçais dans ma tête…

Seule face à des questions sans réponse, j'étais convaincue que cet apprentissage de l'orthographe, de la grammaire et de la conjugaison avait besoin d'un bon dépoussiérage, d'un renouvellement théorique qui marche !

J'en déduisis alors que c'était la personne elle-même qui contrôlait son propre développement. En effet, on ne peut rien faire à la place de l'autre. La personne est un organisme vivant qui possède un instinct de croissance. Par conséquent, il suffit de créer un environnement qui favorise cette croissance.

J'ai vite réalisé que, pendant mes cours, les étudiants que j'avais en argumentation écrite et orale étaient détendus, participatifs, et se constituaient alors de petits groupes passionnés où ils s'apportaient mutuellement des informations complètes sur des sujets d'un réel intérêt. Je savais créer une ambiance rassurante, agréable et surtout ils sentaient que je leur faisais confiance.

Là, je découvre vraiment ce que doit être l'enseignement.

Rien à voir avec ma scolarité, quand je partais la peur au ventre le matin et que je rentrais le soir dans le même état. Je devais avoir 6 ou 7 ans lorsque, lors des rencontres enseignants/parents, une vieille religieuse avait dit à ma mère :

– « Vous savez, madame, votre fille ne sera sans doute pas capable de balayer les couloirs d'un hôpital ».

J'ai maintenant 48 ans et ce souvenir est intact dans ma mémoire.

Je considère que, dans l'apprentissage, l'apprenant et le pédagogue sont coresponsables de l'apprentissage. Il faut progresser ensemble. Je serai donc pour vous, lecteurs, la « facilitatrice » de cette nouvelle méthode que vous allez apprendre pas à pas comme si j'étais à côté de vous.

Toutefois, l'apprentissage de toute nouvelle méthode est tout d'abord un engagement personnel et c'est l'apprenant qui doit s'impliquer. Il repose sur votre volonté, vos propres initiatives. Cet apprentissage se fera en profondeur et changera votre comportement, vos attitudes, voire même votre personnalité. Il sera vivant si vous percevez la pertinence des connaissances à acquérir. Vous avez en vous une capacité naturelle à apprendre. Vous êtes curieux puisque vous avez déjà ce petit manuel entre les mains.

Cette nouvelle méthode implique aussi un changement dans votre manière d'écrire. C'est en faisant les choses que l'on comprend et que l'on retient. On demeure marqué par un nouvel apprentissage et celui-ci est facilité lorsque l'apprenant détient une part de responsabilité dans le processus d'apprentissage. Cela va être votre cas en utilisant cette méthode. La mémoire kinesthésique, ou la mémoire du faire, est aussi la mémoire du cœur. C'est celle qui s'ancre le plus profondément et définitivement.

Ma philosophie fondamentale est la confiance dans les personnes avec qui je travaille. J'ai confiance en vous, même si je ne vous connais pas. Si, à la lecture de cette méthode, il s'installe entre vous et moi un climat de confiance, alors j'aurai réussi mon pari, et vous aussi. Il faut bâtir cette confiance d'une manière ou d'une autre.

Mais vous devez, tout comme moi, reconnaître vos limites. Gérer votre envie d'acquérir de nouvelles connaissances et gérer aussi vos problèmes quotidiens. Si vous lisez ces lignes, c'est que vous avez l'intention de réaliser des projets qui ont une signification pour vous et que vous trouverez la force motivante qui soutiendra ce nouvel apprentissage. Je dois réussir à vous amener à travailler sur les mots, sur ces mots qui font mal... Il est essentiel que vous soyez confronté à ce sujet-là puisqu'il est bien réel pour vous.

Mon ambition : que cet ouvrage vous aide à remporter les 9 défis de l'orthographe.

En vérité, vous allez gagner des défis pour votre avenir.

1

QUELQUES PRÉALABLES

1. Reconnaître et distinguer les auxiliaires *avoir* et *être*

Afin d'éliminer définitivement les erreurs d'accords, très fréquentes, il est important de pouvoir reconnaître les auxiliaires *avoir* et *être* dans une phrase et de les distinguer.

> ***La méthode pour ne plus faire d'erreur***
>
> Pour distinguer *avoir* d'*être*,
> il suffit de remplacer l'auxiliaire de la phrase par *avait* ou *était*.

EXEMPLE

- Je lui ***[est ou ai]*** signalé ce problème lors de notre dernière réunion.

  (Erreur très fréquente dans les courriers, rapports, etc.)

  Pour éviter que votre lexique visuel – sorte d'armoire où sont stockés les mots de notre enfance, au moment de l'apprentissage – ne vous envoie le « est » que vous avez vu le plus souvent, prenez l'habitude de vous arrêter sur le son ***é*** de *signal**é*** et de vous dire rapidement : « Je lui *étais* signalé… »

  Immédiatement, vous comprenez que ce n'est pas correct. Il s'agit bien d'*avoir* : « Je lui avais signalé ».

Réponse

⇒ Je lui **ai** signalé ce problème lors de notre dernière réunion.

AUTRES EXEMPLES

- Ce courrier nous **[*est* ou *ait*]** parvenu en retard.

  Je peux remplacer l'auxiliaire par *était* ; il s'agit donc de *être*.

  ⇒ Ce courrier nous **est** parvenu en retard.

- Je vous ***[est* ou *ai]*** dit de ne plus en reparler !

  Je peux remplacer l'auxiliaire par ***avais*** ; il s'agit donc de *avoir*.

  ⇒ Je vous **ai** dit de ne plus en reparler !

2. Le danger des participes passés en -*é*, en -*i* ou en -*u*

Pourquoi « danger » ? Parce que les auxiliaires *avoir* et *être* sont utilisés dans de nombreuses phrases et provoquent souvent des erreurs de participes passés.

Très souvent, vous utilisez avec *avoir* ou avec *être* des verbes se terminant par les sons suivants : **é i u**

EXEMPLES

- Les étudiants sont tous ***réuni...*** dans l'amphithéâtre.
- J'ai ***travaillé...*** mon mémoire de recherche toute la nuit.
- Les trois semaines que j'ai ***passé...*** à réviser m'ont ***servi...*** de tremplin.

> ***La méthode pour ne plus faire d'erreur***
>
> Lorsque j'écris et que j'entends les sons ***é***, ***i*** ou ***u*** à la fin d'un participe passé, je m'arrête, je souligne ce son d'un petit trait et je ne fais rien d'autre. J'y reviendrai après pour faire soigneusement les bons accords si nécessaire.

Étape préalable

Repérez ces sons ***é, i, u*** et **ne tentez pas de faire autre chose**.

⇒ Les étudiants sont tous **réuni...** dans l'amphithéâtre.

⇒ J'ai **travaillé...** mon mémoire de recherche toute la nuit.

⇒ Les trois semaines que j'ai **passé...** à réviser m'ont **servi...** de tremplin.

Pour l'instant, ma mission est de vous réapprendre à avancer dans le monde des mots en toute sécurité. Vous allez comprendre très vite l'intérêt de vous reprendre en main et de vous libérer enfin de ce poids des mots qui vous handicape, voire vous paralyse parfois dans votre envie d'écrire.

« S'écouter écrire », c'est repérer vos hésitations et les souligner.

Faites-vous confiance !

2

RECONNAÎTRE L'AUXILIAIRE *ÊTRE* ET LUI POSER SA QUESTION

Vous savez maintenant comment vous assurer qu'il s'agit bien de l'auxiliaire ***être***. Voyons à présent comment accorder le participe passé qui le suit.

> ***La méthode pour ne plus faire d'erreur***
>
> Lorsque je rencontre *être*, je lui pose deux fois la même question :
>
> 1. **Qui est-ce qui ?** Pour conjuguer *être*.
> 2. **Qui est-ce qui ?** Pour accorder le participe passé.

À vous de chercher et de trouver les bonnes réponses. Regardez l'exemple, c'est tout simple !

EXEMPLE

- Les expériences seront ***publié...*** prochainement dans la presse.

Étapes préalables

- Pensez toujours à souligner d'un petit trait les sons ***é***, ***i***, ou ***u***.
- Assurez-vous qu'il s'agit bien de *être* en remplaçant *seront* par *étaient* [Les expériences étaient publié...].

Première question

Pour conjuguer *être* correctement, je lui pose la question : **Qui est-ce qui *seront publié...* ?** Il nous répond : *les expériences* ou *elles* (pronom personnel à la 3e personne du pluriel). « Seront » est donc bien écrit.

Deuxième question

Je m'occupe maintenant du participe passé *publié...* : **Qui est-ce qui *seront publié...*** ? Réponse : *les expériences*, c'est-à-dire un féminin pluriel. Je mets un **e** pour le féminin et un **s** pour le pluriel

⇒ Les expériences **seront publiées** prochainement dans la presse.

Autres exemples

- La secrétaire fut ***enchanté...*** par le cadeau que nous lui avons offert.
  Qui est-ce qui *fut enchanté...* ? La secrétaire (féminin singulier)
  ⇒ La secrétaire **fut enchantée** par le cadeau que nous lui avons offert.
- Mes amies sont ***parti...*** depuis deux heures.
  Qui est-ce qui *sont parti...* ? Mes amies (féminin pluriel)
  ⇒ Mes amies **sont parties** depuis deux heures.

Avec *être*, ce sera toujours comme cela !

Exercice d'application n° 1

***Accordez les participes passés employés avec* être.**

1. Les salariés sont formé... en fonction de leurs compétences.
2. Les formations étaient renforcé... pour améliorer les résultats.
3. Nous sommes réparti... en trois groupes de travail.
4. Les résultats seront connu... seulement en fin de réunion.
5. L'an passé, la présidente fut vraiment déçu... en apprenant l'échec de la négociation entreprise.
6. Les candidates furent ravi... d'être recruté... dans ce service, après avoir passé les tests.
7. Les entreprises les plus polluantes seront taxé... et puni....
8. Les trois stagiaires furent surpri... d'être recruté... dès la fin de leur stage.
9. Il fut reconnu... par ses pairs dès la sortie de son premier ouvrage.
10. Nous fûmes accueilli... l'an passé, à la descente de l'avion, par un comité d'accueil hors du commun.
11. Que nous soyons ou non décidé... à signer, cela ne vous regarde pas.
12. Que tu sois la première reçu... ou la dernière de la liste d'attente m'importe peu.
13. Qu'ils soient associé... dans cette société me paraît une bonne solution.
14. Qu'elle soit arrivé... au bout de l'aventure ne m'étonne pas.
15. À la lecture du journal du matin, elle ne fut pas étonné... de sa découverte.

3

RECONNAÎTRE L'AUXILIAIRE *AVOIR* ET LUI POSER SES QUESTIONS

Attention : avec *avoir*, la prudence est de rigueur.

La méthode pour ne plus faire d'erreur

Lorsque je rencontre *avoir*, je lui pose deux questions :

1. **Qui est-ce qui ?** Pour conjuguer *avoir*.
2. **Qui ?** ou **Quoi ?** Pour accorder le participe passé.

EXEMPLES

- Jean-Philippe a ***avalé...*** rapidement deux cafés avant de partir au bureau.

Étapes préalables

- N'oubliez pas de souligner d'un petit trait les sons ***é***, ***i*** ou ***u***.
- Assurez-vous qu'il s'agit bien d'*avoir* en remplaçant *a* par *avait* [Jean-Philippe avait avalé...].

Première question

Pour conjuguer *avoir* correctement, je lui pose la question : **Qui est-ce qui *a* *avalé...* ?** Il nous répond : *Jean-Philippe* (3e personne du singulier). « A » est donc bien écrit.

Deuxième question

Je m'occupe maintenant du participe passé *avalé....* Pour l'accorder facilement, il va falloir poser la question suivante : **Qui ?** ou **Quoi ?** Mais attention, **pas n'importe où** !

Juste après le son **é**, ***i*** ou ***u***, et uniquement dans le cas d'*avoir*, tracez mentalement un trait vertical, comme ci-dessous. Ce trait vertical est un repère qui va vous permettre de savoir s'il faut accorder ou non :

Jean-Baptiste a avalé... rapidement deux cafés avant de partir au bureau.

QUI ?
Jean-Baptiste a *avalé...* **QUOI ?** rapidement deux cafés avant de partir au bureau.
je file

La réponse [deux cafés] **se situe après le trait vertical : je n'accorde pas le participe passé.**

⇒ Jean-Baptiste **a avalé** deux cafés avant de partir au bureau.

- J'ai ***terminé....***

QUI ?
QUOI ?
J'ai terminé... ?
je file

Je ne peux pas répondre à la question QUI ? ou QUOI ? Je n'accorde pas le participe passé.

⇒ J'**ai terminé**.

- Les concertos que j'ai **écouté...**

QUI ?
QUOI ?
Les concertos que j'ai écouté...

Je pose la question : J'ai écouté QUI ? ou QUOI ?

La réponse [les concertos] **se situe avant le trait vertical : j'accorde le participe passé au masculin pluriel.**

⇒ Les concertos que j'**ai écoutés**.

EN RÉSUMÉ

Le participe passé et l'auxiliaire *avoir*

Si *avoir* est là, je pense au trait vertical

Qui ?
Quoi ?
é
i
u

1. La réponse se trouve après le trait, je n'accorde pas.
2. ? Pas de réponse, je n'accorde pas.
3. La réponse se trouve avant le trait, j'accorde si nécessaire.

AUTRE EXEMPLE

- Tu n'as pas ***reçu...*** la lettre que je t'ai ***écrit...***

J'en profite, cher lecteur, pour vous dire que ce deuxième accord (*écrit...*), et ceux du même type, sont simples quand on les passe à l'oral. Vous entendez l'accord, que vous faites naturellement pour la plupart d'entre vous :

La lettre que je t'ai écrite.

L'île lointaine qu'il a découverte.

Etc.

Si vous tombez sur un participe passé qui se termine en ***i***, mettez-vous en alerte et, avant d'effectuer votre accord, pensez à le mettre au féminin :

EXEMPLES :

pris/prise, compris/comprise, mis/mise, surpris/surprise, dit/dite...

Cela fonctionne aussi avec d'autres types de participes passés : ouvert/ouverte, couvert/couverte, offert/offerte...

À vous de jouer avec les finales pour trouver la solution !

Dans cette phrase :

- Tu n'as pas m**i...** la table.
  - Je repère le ***i***, je le souligne.
  - Je vérifie si je peux dire *mise*, ce qui est le cas donc je mets un ***s*** [Tu n'as pas mis... la table].
  - Et ensuite, puisqu'*avoir* est là, je place mon repère mental qui me permettra de savoir s'il faut accorder ou non :

QUOI ?

Tu n'as pas mis... | la table.

La réponse [la table] se situe après le trait vertical : je n'accorde pas le participe passé.

⇒ Tu n'**as** pas **mis** la table.

- La traduction que tu n'as pas compr**i...**.
  - Je repère le ***i***, je le souligne.
  - Je vérifie si je peux dire *comprise*, ce qui est le cas donc je mets un ***s*** [La traduction que tu n'as pas compris...].
  - Et ensuite, puisqu'*avoir* est là, je place mon repère mental qui me permettra de savoir s'il faut accorder ou non :

QUOI ?

La traduction que tu n'as pas compri... |

←

La réponse [la traduction] se situe avant le trait vertical : j'accorde le participe passé.

⇒ La traduction que tu n'**as** pas **comprise**.

- La lourde porte qu'il a ouve**r…**.
  - Je vérifie si je peux dire *ouverte*, ce qui est le cas donc je mets un ***t*** [La lourde porte qu'il a ouvert…].
  - Et ensuite, puisqu'*avoir* est là, je place mon repère mental qui me permettra de savoir s'il faut accorder ou non :

QUOI ?

La lourde porte qu'il a ouvert… |

La réponse [la lourde porte] se situe avant le trait vertical : j'accorde le participe passé.

⇒ La lourde porte qu'il **a ouverte**.

Maintenant que ceci n'a plus de secret pour vous, revenons donc à notre exemple :

- Tu n'as pas ***reçu…*** la lettre que je t'ai ***écrit…***.

Étapes préalables

- Je repère le *u*, je le souligne.
- Je vérifie qu'il s'agit bien d'*avoir* en remplaçant *as* par *avais* [tu n'avais pas reçu…] et je trace immédiatement mon trait après le *u*.

Question

QUI ?
QUOI ?

- Je pose la question : Tu n'as pas reçu | la lettre → je file
- La réponse [la lettre] se trouve après le trait vertical, je n'accorde pas.

Puis

- Je repère le *i*, je le souligne.
- Je vérifie qu'il s'agit bien d'*avoir* en remplaçant *ai* par *avais* [je t'avais écrit…] et je trace immédiatement mon trait après le *i*.

Question

QUI ?
QUOI ?

- Tu n'as pas reçu la lettre que je t'ai écrit… |
- Je pose la question : Je t'ai écrit QUI ? ou QUOI ? Réponse : la lettre.
- La réponse [la lettre] se trouve avant le trait vertical, j'accorde.

⇒ Tu n'**as** pas **reçu** la lettre que je t'**ai écrite**.

Le fait d'avoir un repère visuel (trait vertical imaginaire) vous aide à mieux appréhender la règle.
Rapidement, prenez l'habitude de tracer ce trait mentalement.
Attention de ne pas brûler les étapes, et de rester vigilant !

Exercice d'application n° 2

***Accordez les participes passés employés avec* avoir.**

1. Ils avaient prévu... la fin du chantier en juin.
2. Les études que nous avons mené... nous conduisent vers la solution.
3. Avez-vous trouvé... la solution ?
4. Voici la lettre qu'il m'a donné... avant de se rendre à son rendez-vous.
5. Les récentes intempéries ont perturbé... les travaux.
6. Les personnes que nous avons reçu... étaient compétente....
7. Les artistes ont tenu... bon tout le spectacle sous une pluie battante.
8. Comment ont-ils survécu... si longtemps ?
9. Cette lettre serait parti... hier si vous me l'aviez adressé... à temps.
10. Les étudiants ont assisté... à une conférence exceptionnelle hier.
11. Il fallait avoir cotisé... six mois pour être indemnisé....
12. C'est le seul emploi que j'ai trouvé....
13. La crise financière a changé... la vie de tous.
14. Les encours de crédit que l'État leur a imposé... ne facilitent pas la reprise.
15. Dans cette entreprise, les plans de formation que les DRH ont conçu... sont tous applicable....

4

AVOIR ET *ÊTRE* DANS UNE MÊME PHRASE... OU ABSENTS DE LA PHRASE !

1. *Avoir* et *être* dans une même phrase

Il peut arriver que les auxiliaires *avoir* et *être* soient présents ensemble dans une phrase.

EXEMPLE

- Les syndicats ont été ***questionné...*** longuement par la direction.

ont ↓ avoir

été ↓ être

Vous constatez donc qu'ils sont bien là tous les deux.

> ***La méthode pour ne plus faire d'erreur***
>
> Il suffit de vous dire qu'une **bataille** va s'engager entre *être* et *avoir*.
> Lorsqu'il y a bataille, c'est toujours *être* qui gagne. Il restera toujours écrit *été*.
> On surveille *avoir* pour le conjuguer correctement
> et on accorde ensuite le participe passé avec être.

Quelle question doit-on toujours poser à *être* ? ***Qui est-ce qui ?***
Qui est-ce qui *ont été questionné...* ? Réponse : les syndicats (masculin pluriel). J'accorde en conséquence.
⇒ Les syndicats ont été **questionnés** longuement par la direction.

En reculant, vous trouverez toujours *être* habillé en « été ».

Il nous suffit de penser au soleil  **et hop :**

QUI EST-CE QUI ont été questionné... ?
***Être* habillé en « été » répond simplement :**
Les syndicats (masculin pluriel).

Exercice d'application n° 3

Accordez les participes passés employés avec* être *et* avoir *(bataille !).

1. Les difficultés ont été aplani... après discussion.
2. Si les jurés avaient été convaincu..., les victimes auraient été acquitté....
3. Tous les salariés auraient été vacciné... contre la grippe A.
4. Les conditions étaient pourtant réuni....
5. La passagère a été autorisé... à embarquer.
6. Cela laisse à penser que les courriers auraient été imprimé... par erreur.
7. Elle eut été ravi... de faire votre connaissance.
8. Tous les relevés de factures auraient été vérifié... par le comptable.
9. Nous aurions été bien démuni... sans votre aide précieuse.
10. Si elle avait été prévenu..., elle serait arrivé... à temps.
11. Elle aurait été dissuadé... de participer à cette affaire, faute d'expérience.
12. La villa a été loué... pour tout l'été.
13. Les participants ont été prévenu... tardivement que le concert avait été annulé....
14. Trois étudiantes auraient été accusé... d'avoir triché... aux dernières épreuves du BTS.
15. Les restes d'une momie auraient été découvert... dernièrement.

2. *Avoir* et *être* absents de la phrase

EXEMPLE

- Les factures ***impayé...*** s'empilent sur le bureau.

  Comme d'habitude, je repère le ***é***, je m'arrête, je recule et je cherche qui est là. Surprise, je ne trouve ni *être* ni *avoir* ! Alors, que faire dans ce cas-là ?

La méthode pour ne plus faire d'erreur
Retenir que *être* est le plus sympathique des deux et qu'il aime jouer à **cache-cache** ! Lorsqu'il y a cache-cache, c'est toujours *être* qui répond à la question : **Qui est-ce qui est** ou **Qui est-ce qui sont ?**

REGARDEZ L'EXEMPLE !

- Les factures ***impayé...*** s'empilent sur le bureau.

  Question : **Qui est-ce qui *sont impayé...* ?** Réponse : les factures.

  Être est bien caché dans la phrase puisqu'il nous répond ! Il suffit alors de lui poser sa question : Qui est-ce qui *sont impayé...* ? Il répond : les factures (féminin pluriel). J'accorde en conséquence.

  ⇒ Les factures **impayées** s'empilent sur le bureau.

Vous venez de relever brillamment un défi de plus !

AUTRES EXEMPLES

- Les classeurs ***rangé...*** dans l'armoire risquent de tomber.

  Je repère le ***é***, je recule, mais je ne trouve ni *être* ni *avoir*. Alors je pose la question :

  Qui est-ce qui *sont rangé...* ? *Être* répond : les classeurs (masculin pluriel).

  ⇒ Les classeurs **rangés** dans l'armoire risquent de tomber.

- Les joues ***rougi...*** par le froid, l'ouvrier rentre chez lui.

  Je repère le ***i***, je recule, mais je ne trouve ni *être* ni *avoir*. Alors je pose la question :

  Qui est-ce qui *sont rougi...* ? *Être* répond : les joues (féminin pluriel).

  ⇒ Les joues **rougies** par le froid, l'ouvrier rentre chez lui.

Exercice d'application n° 4

Accordez les participes passés employés sans* être *ni* avoir *(cache-cache !).

1. Encouragé... par les résultats, les équipes de surveillance redoublent d'efforts.
2. Complètement anéanti... par la fatigue, les touristes heureux s'endorment.
3. Avantagé... par l'ancienneté, les ouvrières peu diplômé... et les agents de maintenance expérimenté.... ont perçu.... de belles indemnités.
4. Julie, trahi... par sa meilleure amie et bien décidé... à se venger, se rendit à son domicile.
5. Sur les conseils avéré... des spécialistes, des techniciens spécialisé... en électricité sont intervenu... immédiatement sur la ligne à haute tension.
6. L'homme, les mains toujours posé... sur son ventre, regardait ses doigts.
7. Assi... à l'avant de la voiture noire à côté du chauffeur, Farid réfléchissait.
8. Accueilli... par le directeur, les étudiantes ont posé... toutes les questions qu'elles voulaient.
9. Jeanne, gêné..., est parti....
10. Les perles doré... de cette vieille broche jauni... par le temps ne sont pas en or.
11. Les joues rougi... par le froid, les pieds complètement gelé..., les skieurs rentrent des pistes ravi....
12. La chambre vidé... de ses objets usé... par le temps et les chaises empilé... dans un coin, tout porte à croire qu'elle soit parti....
13. Mon meilleur ami adore les plats sucré....
14. Les enfants trop gâté... sont souvent capricieux.
15. L'encre épaissi..., la pierre poli..., l'artiste s'apprête à produire une belle lithographie.

5

QUAND *AVOIR* PREND LA PLACE DE *ÊTRE*

Attention : quand on rencontre *me* *(m')*, *te* *(t')*, *se* *(s')* (se promener, **se** laver, **se** parler, **se** succéder, **se** téléphoner, **se** plaire, etc.)**, la prudence est de rigueur**.

Parfois, *avoir* peut prendre la place de *être*. Dans ces cas-là, la liste ci-dessous va nous aider à démasquer *avoir*. Mais comment ?

La méthode pour ne plus faire d'erreur

Lorsque je rencontre les alertes, je procède en 2 temps.
2 questions s'imposent :

1. **Qui est-ce qui ?**
2. **À qui ?** ou **Pour qui ?** Si j'obtiens une réponse, *avoir* est là !

ALERTES	**RÉPONSES Si *avoir* est là**
(je) ME ou M'	à moi, pour moi-même
(tu) TE ou T'	à toi, pour toi-même
(il/elle) SE ou S'	à lui/elle, pour lui/elle-même
(nous) NOUS	à nous, pour nous-mêmes
(vous) VOUS	à vous, pour vous-mêmes
(ils/elles) SE ou S'	à eux/elles, pour eux/elles-mêmes

Exemple

- Toutes les classes politiques [se] sont ***trouvé...*** des porte-paroles.

  Comme d'habitude, je repère ***é***, je m'arrête, je recule et je trouve ***sont***. Mais lorsque je recule encore, je trouve **[se]**. **Alerte !**

  1. Qui est-ce qui **[se]** ***sont trouvé...*** des porte-paroles ?

     Réponse : toutes les classes politiques.

  2. À qui *ou* Pour qui elles ***se sont trouvé...*** des porte-paroles ?

     La réponse existe : pour elles-mêmes. *Avoir* est bien là !

  J'applique alors la méthode apprise à l'étape 3 de l'accord avec *avoir* !

  QUI ?
  QUOI ?

  Toutes les classes politiques se sont trouvé... | des porte-paroles. →

  La réponse [des porte-paroles] **se situe <u>après mon trait vertical</u> : je n'accorde pas le participe passé.**

  ⇒ Toutes les classes politiques **se sont trouvé** des porte-paroles.

Autre exemple

- Le VRP vérifie une dernière fois la voiture qu'il [s']est ***acheté...***

  Je repère ***é***, je m'arrête. Je recule et je trouve ***est***, mais je repère aussi mon alerte **[s']** donc je procède en 2 temps :

  1. Qui est-ce qui ***[s']est acheté...*** la voiture ?

     Réponse : le VRP.

  2. À qui *ou* Pour qui il **s'est acheté...** la voiture ?

     La réponse existe : pour lui-même. *Avoir* est bien là !

  Je place un trait vertical, mentalement cette fois. Cela donne :

  Il ***[s']est acheté...*** QUOI ? Réponse : la voiture.

  La réponse [la voiture] **se situe <u>avant mon trait vertical</u> : j'accorde le participe passé** [féminin singulier].

  ⇒ Le VRP vérifie une dernière fois la voiture qu'il s'est **achetée.**

Et quand ***avoir* est absent ?**

EXEMPLE

- Elle [s']est ***promené...*** seule ce matin.
  1. Qui est-ce qui ***[s']est promené...*** ? Réponse : elle.
  2. À qui *ou* Pour qui elle ***s'est promené...*** ? Réponse : pas de réponse ! Les questions À qui ? Pour qui ? n'ont aucun sens. C'est tout simplement qu'*avoir* n'est pas là !

  Dans ce cas, nous allons faire comme d'habitude avec *être*.

  J'ai déjà posé la question *Qui est-ce qui ?* J'accorde donc avec *elle*, au féminin singulier.

  ⇒ Elle s'est **promenée** seule ce matin.

AUTRES EXEMPLES VARIÉS

- Elle [s']est ***foulé...*** la cheville.
  1. Qui est-ce qui ***[s']est foulé...*** la cheville ? Réponse : elle.
  2. À qui *ou* Pour qui elle ***s'est foulé...*** la cheville ? Réponse : à elle-même. *Avoir* est bien là !
  3. Elle ***s'est foulé...*** QUOI ? Réponse : la cheville.

  La réponse se trouve après mon trait mental : je n'accorde pas.

  ⇒ Elle [s']est **foulé** la cheville.

- Ils [se] sont ***aperçu...*** de leurs erreurs.
  1. Qui est-ce qui ***[se] sont aperçu...*** des erreurs ? Réponse : ils.
  2. À qui *ou* Pour qui ils ***se sont aperçu...*** des erreurs ? Réponse : pas de réponse ! La réponse « à eux-mêmes » n'aurait pas de sens et on en a la preuve en formulant la question ainsi : Ils **se sont aperçu...** à qui ? Cela ne fonctionne pas, *avoir* n'est pas là !

  J'accorde donc comme d'habitude avec *être*. J'ai déjà posé la question *Qui est-ce qui ?* J'accorde avec *ils*, au masculin pluriel.

  ⇒ Ils se sont **aperçus** de leurs erreurs.

- Lucie [s']est ***levé...*** tôt pour partir au travail.
  1. Qui est-ce qui ***[s']est levé...*** tôt ? Réponse : Lucie.
  2. À Qui *ou* Pour qui elle ***s'est levé...*** tôt ? Réponse : pas de réponse ! *Avoir* n'est pas là et les questions À qui ? Pour qui ? sont ridicules.

  Dans ce cas, nous allons faire comme d'habitude avec *être*.

  J'ai déjà posé la question *Qui est-ce qui ?* J'accorde donc avec *Lucie*, au féminin singulier.

  ⇒ Elle s'est **levée** tôt pour partir au travail.

- Les maisons se sont bien ***vendu...*** aux Allemands cette année.
  1. Qui est-ce qui ***se sont bien vendu...*** ? Les maisons.
  2. À qui *ou* Pour qui les maisons ***se sont bien vendu...*** ? Je ne peux pas répondre « à elles-mêmes», donc *avoir* n'est pas là.

     Attention ! Si je réponds « aux Allemands », c'est que j'ai passé l'alerte (voir p. 33), ce qui est strictement interdit !

  J'accorde donc comme d'habitude avec *être*. J'ai déjà posé la question *Qui est-ce qui ?* J'accorde avec *les maisons*, au féminin pluriel.

  ⇒ Les maisons se sont bien **vendues** aux Allemands cette année.

- Les associés se sont ***partagé...*** les dividendes.
  1. Qui est-ce qui ***se sont partagé...*** les dividendes ? Les associés.
  2. À qui *ou* Pour qui les associés ***se sont partagé...*** les dividendes ? Pour eux-mêmes.
  3. Ils ***se sont partagé...*** QUOI ? Les dividendes.

  La réponse se situe après mon trait mental : je n'accorde pas.

  ⇒ Les associés se sont **partagé** les dividendes.

Cette règle est la plus compliquée qui soit !
Mais retenez ceci : si *avoir* répond à la question *À qui ?* ou *Pour qui ?*, vous êtes rassuré et il vous suffit de faire comme d'habitude avec lui : vous tracez un trait mental, et le tour est joué.
Si *avoir* ne répond pas et que les questions *À qui ? Pour qui ?* vous semblent inutiles et ridicules, c'est qu'il s'agit d'*être*. Vous en aurez la certitude en reprenant le « à qui » et en le plaçant ainsi : Elle s'est retourné... à qui ? Elle s'est levé... à qui ? Ils se sont aperçu... à qui ? Ils se sont réuni... à qui ? Ces questions n'ont pas de sens ! Il suffit donc d'agir comme d'habitude avec *être*.
Facile, non ?

Exercice d'application n° 5

Accordez les participes passés des verbes pronominaux.

1. Les maisons se sont bien vendu....
2. Les amoureux se sont plu... dès leur première rencontre.
3. Nous vérifions la barque de fortune que les enfants se sont fabriqué....
4. Madame Durant s'est écrasé... le doigt hier sur sa presse.
5. Lucie s'est couché... tôt hier soir, contrairement à ses habitudes.
6. Avant le bilan annuel, les secrétaires se sont partagé... leurs informations communes.
7. Les trois oratrices se sont succédé... à la tribune de l'assemblée.
8. L'entreprise s'est donné... pour priorité d'intervenir sur le dossier n° 2003.
9. Depuis, l'entreprise s'est fixé... deux missions importantes.
10. La mairie s'est orienté... vers la restauration scolaire.
11. Virginie s'est juré... qu'un jour elle ferait un beau métier.
12. Le président et son premier ministre se sont téléphoné... hier matin.
13. Les mérites qu'elle s'est attribué... ne lui reviennent pas forcément.
14. Les bénéfices des recettes que les associés se sont partagé... ne sont pas très élevé... cette année.
15. Ils se sont disputé... bruyamment.

6

UTILISER CORRECTEMENT L'INFINITIF

Voici deux autres cas où cette méthode va nous tirer d'affaire.

1. Deux verbes qui se suivent

> ***La méthode pour ne plus faire d'erreur***
>
> Lorsque deux verbes se suivent, le deuxième est toujours à l'infinitif.

EXEMPLE

- Mes collègues de travail ***sont venu...*** me ***cherché...*** à la sortie de l'hôpital.

  Je m'arrête sur le ***u*** de ven**u.** Je recule et je cherche qui est là.

  C'est *être* ; je peux maintenant vérifier s'il est bien conjugué en lui posant sa question **Qui est-ce qui *sont venu...* ?** Il répond : mes collègues, et j'accorde *venus* au masculin pluriel. Il s'agit donc du verbe *venir*.

  Je m'arrête ensuite sur le ***é*** de **cherch*é*...**. Il s'agit du verbe *chercher*.

  Dans ce cas de figure où deux verbes se suivent, je vais compter ① pour *venir* et ② pour *chercher* ! Le deuxième sera toujours à l'infinitif.

  ⇒ Mes collègues de travail sont **venus** me **chercher** à la sortie de l'hôpital.

Autre exemple

- La fermeture de l'usine ne devrait pas ***tardé...*** à être connue de tous.

  Je repère le *é*, je m'arrête, je recule et je trouve *devrait* (verbe *devoir*) → je compte ①, et *tardé...* (verbe *tarder*) → je compte ②.

  ⇒ La fermeture de l'usine ne devrait pas **tarder** à être connue de tous.

2. *À, de, pour, sans* + infinitif

Dans cet autre cas de figure, une formule presque « magique » va me donner la solution ! La voici : **à, de, pour, sans** ou, mieux encore, ce moyen mnémotechnique : **à 2 %**.

> ***Autre méthode pour ne plus faire d'erreur***
>
> Le verbe qui suit ***à***, ***de***, ***pour***, ***sans*** (à 2 %) est toujours à l'infinitif.

Exemple

- Le directeur ne va pas ***tardé ...*** **à** ***rentré ...*** de son rendez-vous.

  Je vais toujours chercher le *é* qui se trouve le plus loin dans la phrase.

  Dans ce cas, il s'agit de rentr**é....** Je recule et je trouve ***à***.

  Cette préposition fait bien partie de ma liste **à**, **de**, **pour**, **sans (à 2 %)**. Je n'ai pas besoin de réfléchir plus longtemps : je mets *rentrer* à l'infinitif.

  Je recule ensuite sur le **é** de ***tardé...*** et cherche qui est là. Je trouve *va* (verbe *aller*) → je compte ①, et *tardé* (verbe *tarder*) → je compte ②. Quand deux verbes se suivent, le deuxième est toujours à l'infinitif.

  ⇒ Le directeur ne va pas **tarder** à **rentrer** de son rendez-vous.

Simple, non ?

Autres exemples

- Impossible de ***rentré...*** de vacances plus tôt que prévu.

  Je repère ***é***, je recule et je trouve de. ***Rentré...*** se met automatiquement à l'infinitif.

  ⇒ Impossible de **rentrer** de vacances plus tôt que prévu.

- Elle est partie au bureau sans ***mangé...***.

  Je repère ***é***, je recule et je trouve **sans**. ***Mangé...*** se met automatiquement à l'infinitif.

  ⇒ Elle est partie au bureau sans **manger**.

3. *Avoir* et *être* + infinitif

Un dernier truc :

> Ne jamais mettre l'infinitif après *être* ou *avoir* lorsqu'ils sont eux-mêmes à l'infinitif !
>
> Et attention aux accords !

EXEMPLES CORRIGÉS

⇒ Elle a reconnu **avoir commis** une erreur.

⇒ L'équipe de hockey a dit **être déçue** du résultat.

Pour que la lecture à l'envers porte ses fruits, prenez toujours le *é* le plus loin dans la phrase et reculez.

Pendant cette marche arrière, vous trouverez toujours de l'aide : soit *à*, *de*, *pour*, *sans*, soit un verbe ami.

Mais je sais que, maintenant, vous savez ce qu'il faut faire pour éviter les pièges... Bravo !

Exercice d'application n° 6

***Mettez les verbes à l'infinitif (je compte ou je passe par* à 2 %).**

1. Il va falloir posé... la première pierre.
2. Les comptables ne peuvent vraiment pas se passé... de leur machine à calculé....
3. Nous allons bien arrivé... à trouvé... la solution.
4. Maintenant, je ne peux plus compté... sur ma secrétaire pour corrigé... mes erreurs orthographiques.
5. Devant les difficultés à surmonté..., il faut créé... de bons outils.
6. Pour étudié... les différentes solutions à recherché..., il va falloir creusé... le sujet.
7. Le technicien s'active pour trouvé... la panne.
8. Il est dix-sept heures, mon assistante ne devrait pas tardé... à rentré....
9. J'entends chanté... quelqu'un au loin.
10. Les derniers étudiants regardaient passé... leur camarade à l'oral d'anglais.
11. Agité... le flacon avant de l'utilisé....
12. Sans l'exposé... à l'humidité, cet appareil fonctionnera bien.
13. À force de réclamé..., il obtint satisfaction.
14. Il passa devant moi sans me salué....
15. Je suis essoufflé de cavalé... derrière lui.

7

FAIRE LE BON CHOIX ENTRE *TOUT / TOUS* ET *LEUR / LEURS*

1. *Tout / tous*

La méthode pour ne plus faire d'erreur

Si je peux compter, je mets un **s** à *tous*.

Si je n'ai rien à compter, je laisse *tout* au singulier.

EXEMPLES CORRIGÉS

⇒ Les techniciens vérifient **tous** les jours les machines de l'atelier de fabrication.

⇒ **Tous** les dimanches, entre amis, nous jouons au tennis.

⇒ **Tous** les hommes portent des gants à la cérémonie.

Je peux compter les jours, les dimanches, les hommes (ils sont plus de 1) donc je mets le pluriel.

Attention ! Lorsque vous trouverez **de tout** ou **tout de** : il faudra laisser *tout* au singulier.

Exemples corrigés

⇒ Les hommes ont, **de tout** temps, cherché à apprivoiser l'animal.

⇒ Ce sont **de tout** jeunes étudiants qui manifestent dans la rue.

⇒ Les femmes sont **tout de** noir vêtues pour cette veillée souvenir.

2. *Leur / leurs*

> ***La méthode pour ne plus faire d'erreur***
>
> Si je peux compter, je mets un **s** à *leurs*.
>
> Si je peux le supprimer, je laisse *leur* au singulier.

Exemples corrigés

⇒ Les élèves taillent tous **leurs** crayons de couleur.

⇒ Souvent les petits oublient **leurs** gants pour sortir.

Je peux compter les crayons de couleur et les gants donc je mets le pluriel.

> Lorsque ***leur*** peut être supprimé, il faut laisser le singulier.

Exemples corrigés

⇒ Je **leur** ouvre la porte ***ou*** J'ouvre la porte ⇒ *leur* au singulier

⇒ Offrez-**leur** des fleurs ***ou*** Offrez des fleurs ⇒ *leur* au singulier

> **Attention !** Dans certaines phrases, il faut voir un peu plus loin que le bout de son nez… Lorsque vous avez un doute, essayez avec **chaque** ou **chacun**. Si ça marche, il faut alors mettre le singulier.

Exemples

- Les chasseurs épaulent ***leur*** ou ***leurs*** fusil(s) en même temps.

  Je peux compter les fusils mais :

  <u>Chaque chasseur épaule son fusil</u> en même temps que les autres.

  ⇒ Les chasseurs épaulent **leur** fusil en même temps.

- Les élèves de terminale S étudient ***leur*** ou ***leurs*** leçon(s) de biologie très attentivement.

  Chaque élève étudie sa leçon de biologie très attentivement.

  ⇒ Les élèves de terminale S étudient **leur** leçon de biologie très attentivement.

- Les bons chiens aiment ***leur*** ou ***leurs*** maître(s).

  Chaque chien aime son maître.

  ⇒ Les bons chiens aiment **leur** maître.

- Tous les hommes portent ***leur*** ou ***leurs*** chapeau(x) sur ***leur*** ou ***leurs*** tête(s).

  Chaque homme porte son chapeau sur sa tête.

  ⇒ Tous les hommes portent **leur** chapeau sur **leur** tête.

- Les skieurs retirent leur(s) bonnet(s) et leur(s) gant(s).
  Chaque skieur retire son bonnet et ses gants.
  ⇒ Les skieurs retirent **leur** bonnet et **leurs** gants.

Génial, non ?

Parfois, la réalité peut nous entraîner sur une mauvaise piste. Dès que vous hésitez à mettre *leur* ou *leurs*, il faudra penser à mettre *chaque* au début de votre phrase et, vous verrez, la réponse est magique.

Exercice d'application n° 7

***Accordez quand il le faut* tout *et* leur.**

1. Pour me rendre au travail, je dois prendre tou… les jours deux R.E.R. différents.
2. Offrez-leur… des bons de réduction.
3. Tou… les coureurs cyclistes sont rentré… tou… trempé… de la course contre la montre.
4. Ils ont vraiment bien tou… assimilé.
5. Je dois t'avouer que tes copines n'étaient pas tou… enchanté… de ton mariage.
6. Tou… sortirent de la salle calmement.
7. J'ai quatre garçons, ce sont leur… bottes de pluie qui sont rangé… là.
8. Tou… les alpinistes retirent leur… bonnet… et leur… gant… après l'escalade.
9. Tou… les chiens aiment leur… maître.
10. Les dessinateurs taillent leur… crayon avant de commencé….
11. Ce sont de tou… jeunes étudiants qui interviendront pour témoigner de leur… parcours de première année.
12. Mes grands-parents disent qu'à leur… époque, tou… était plus simple.
13. Internet vous permet de tou… trouvé….
14. Comment leur… faire comprendre que l'affaire est définitivement classé… ?
15. De tou… ce que j'ai entendu, ce sont leur… propos déplacé… qui m'ont choqué….

8

ÉCRIRE CORRECTEMENT *1000 / 100 / 80*, LES COULEURS ET LES MOTS FÉMININS EN *-É*

1. *1000 / 100 / 80*

> ***La méthode pour ne plus faire d'erreur : 1000***
>
> Jamais de **s** à mille ou mil

EXEMPLES CORRIGÉS

⇒ Quatre **mille** kilomètres séparent les deux villes.

⇒ Une tonne équivaut à **mille** kilos.

> ***La méthode pour ne plus faire d'erreur : 100***
>
> *Cent* prendra un **s** dans les centaines de 200 à 900, où il n'est pas suivi d'un autre chiffre.
>
> Il s'agit donc de chiffres ronds : 2 × 100 = deux cents
> 3 × 100 = trois cents
> ...
> 9 × 100 = neuf cents

EXEMPLES CORRIGÉS

⇒ Où allons-nous loger ces trois **cents** réfugiés ?

⇒ Deux **cent** trois invités étaient présents.

⇒ Quatre **cent** six personnes se sont inscrites.

⇒ Il lui faudra bien cinq **cents** mètres de clôture pour entourer son terrain.

> ***La méthode pour ne plus faire d'erreur : 80***
>
> Un seul chiffre à retenir pour le chiffre *vingt* : *quatre-vingts.*
>
> *Vingt* prend un **s** dans *quatre-vingts*, où il n'est pas suivi d'un autre chiffre.

EXEMPLES CORRIGÉS

⇒ Mes derniers achats de Noël m'ont coûté quatre-**vingts** euros.

⇒ Elle ne semble pas avoir quatre-**vingt**-cinq ans.

> ***La méthode pour ne plus faire d'erreur : million / milliard***
>
> *Million* et *milliard* prennent un **s** lorsqu'ils sont multipliés.

EXEMPLES CORRIGÉS

⇒ Il y a plus de dix **millions** d'années.

⇒ Elle a un **million** d'euros sur son compte.

2. Les couleurs

La méthode pour ne plus faire d'erreur

Toutes les couleurs s'accordent en genre et en nombre **sauf** lorsqu'il s'agit de **fruits** ou de **pierres précieuses**.

Voici les fruits concernés qui ne prendront **jamais de s** quand on y fait référence en tant que couleur :

- marron
- orange
- noisette
- kaki (fruit du plaqueminier)
- cerise
- prune
- pistache
- framboise

EXEMPLES CORRIGÉS

⇒ Les yeux **noisette** de cette demoiselle me font rêver.

⇒ Les rideaux **prune** que j'ai achetés vont bien dans mon salon.

MAIS :

⇒ Les **oranges** dans le panier (il faut bien mettre un **s** à *oranges* puisqu'il s'agit du fruit et non de la couleur).

Voici à présent les pierres précieuses qui ne prendront **jamais de s** quand on y fait référence en tant que couleur :

- émeraude
- jade
- turquoise
- saphir
- topaze
- diamant

EXEMPLES CORRIGÉS

⇒ Les océans **émeraude** qui couvrent notre planète doivent être sauvegardés.

⇒ Les étoffes **turquoise** tendues sur la scène du théâtre égayaient l'ensemble des décors.

MAIS :

⇒ Elle possède des **émeraudes** dans son coffret à bijoux (il faut bien mettre un **s** à *émeraudes* puisqu'il s'agit de la pierre précieuse et non de la couleur).

Autres trucs :

- il faut mettre un trait d'union quand ce sont deux couleurs qui s'assemblent. Celles-ci restent invariables.
- les couleurs composées (associées à un adjectif) restent invariables : ni accord à faire, ni trait d'union à mettre !

EXEMPLES CORRIGÉS

⇒ Les yeux **bleu-vert** de cette femme me font rêver.

⇒ Les costumes **gris clair**, les jupes **bleu marine**.

Simple, non ?

3. Les mots féminins se terminant en -é

La méthode pour ne plus faire d'erreur

Je mets un **e** final à tous les mots que je peux toucher de la main.

Exemples corrigés

⇒ La **poignée** de la porte

⇒ La **purée** qui est dans mon assiette

⇒ La **becquée** que l'oiseau donne à son petit

⇒ La **bolée** de cidre doux

⇒ etc.

Je ne peux pas toucher la charit**é**, la bont**é**, la clart**é**, etc. : je ne mets donc pas de **e** final.

Pour la pens**ée**, je songe à la fleur, que je peux toucher.

Exception

Vous pourriez la toucher mais il vaut mieux ne pas y mettre les mains : la **saleté** ! Elle ne prend pas de *e* final.

Autre truc :

Tous les mots qui concernent la notion de temps et de période prennent un **e** final.

Exemples

La matin**ée**

La soir**ée**

La veill**ée**

La nuit**ée**

La journ**ée**

La dur**ée**

La mar**ée**

La cri**ée** fonctionne selon les heures et également

La tourn**ée** de notre bien-aimé facteur…

Ce secret des é que je viens de vous livrer m'a permis d'augmenter mon « capital mots » et d'écrire en étant, une fois de plus, rassurée.

Exercice d'application n° 8

Écrivez correctement les chiffres, les couleurs, les mots féminins en -é.

1. Il est exactement vingt… heures.
2. Une momie de plus de trois mille… ans a été découvert….
3. Mille… million… de mille… sabords !
4. Plus de quatre-vingt… participants se sont inscrit….
5. Quelle est la capacité… de ce réservoir d'eau potable ?
6. Toutes les écharpes orange…, bleu…vert, bleu… foncé…, et marron… devront être mise… de côté.
7. La priorité… du gouvernement, c'est l'emploi.
8. J'ai eu le temps d'écrire toutes ces notes sous la dicté… rapide de mon professeur de philosophie.
9. Peux-tu me faire un chèque de deux cent… euros pour payer le loyer ?
10. Dans les restaurants, la fumé… ne me dérange plus.
11. Tou… les marins adorent longé… la jeté… qui borde le port de pêche.
12. Après avoir traversé… les océans émeraude… de la planète bleu…, je vais pouvoir me reposé…un peu.
13. Il conteste la légalité… de ce projet. Il attend que tou… les feux soient vert… pour commencé… à en parlé….
14. Quand j'ai vu… ses yeux noisette…, j'ai craqué….
15. Je vais paré… les fenêtres de mon salon de beaux rideaux prune….

9

SE RELIRE EFFICACEMENT ET DE MANIÈRE AUTONOME

Voici les premières consignes pour relire un document.

Essentiel : il ne faut rien laisser passer !

1. **Je cherche tous les participes passés qui se terminent en *é*, en *i* et en *u*** et je fais le nécessaire, puisque je connais maintenant la méthode pour ne plus faire d'erreur.

2. **Je cherche tous les verbes et je pose la question *Qui est-ce qui ?*** pour les conjuguer correctement et pour n'oublier aucun accord.

3. **Je cherche tous les pluriels** : *les*, *des*, *de*, *d'*, *ceux*, *celles*, *ils*, *elles*, les chiffres, et je me sers aussi de la gestion mentale pour repérer les pluriels.

   Chaque phrase doit être visualisée. Ainsi vous éviterez ce genre d'erreur :

   - Le chemin creux bordé ***d'arbre...***

     (Si je vois des arbres, je mets un ***s*** à arbres).

4. **Je ne fais aucune confiance au correcteur orthographique** qui tente de corriger les accords.

   Faites un test sous Word et écrivez :

   - Les maisons *s'aligne* bien distinctement dans la rue.

   Le correcteur soulignera *s'aligne* et vous proposera *s'alignent*.

   Mais si vous tapez :

   - Les maisons *sa ligne* bien distinctement dans la rue,

   le correcteur ne vous soulignera pas l'erreur !

5. **Je fais cette relecture seul(e)**.

Lorsque j'ai terminé l'écriture d'un courrier ou de tout autre document, je me dois de me relire.

Utiliser la gestion mentale vous aidera à voir la scène et à écrire votre phrase correctement.

Vous pouvez même dessiner.

CONCLUSION

Je n'ai pas la prétention de penser que, grâce à ma méthode, nous pouvons éliminer toutes les erreurs qu'il est possible de faire en écrivant mais, en revanche, je sais qu'en appliquant cette nouvelle façon d'écrire vous allez éliminer au moins 90 à 95 % des erreurs qui ponctuaient vos écrits.

Alors, pour cette dernière étape de conclusion, il faut que nous restions concentrés.

Dans le sommaire, vous avez vu qu'il existait 187 mots déclencheurs de dysorthographie. Ces mots sont tout simplement ceux sur lesquels il vous est impossible de poser une image mentale.

Vous faire une image mentale des mots *gens*, *arbres*, *chiens*..., vous y arrivez sans trop de difficultés. Mais en revanche, si je vous demande de faire arriver une image mentale de :

- parmi
- hormis
- cependant
- quel que soit
- quelle

comme moi, vous vous trouvez dans l'impasse.

Alors, pour ne plus vous laisser envahir par ces mots-là, je les ai classés grâce à la lettre finale : ceux qui finissent par la lettre **a** ou **i** ou **s**...

Je vous offre ce tableau.

De temps en temps, allez-y pour sécuriser vos écrits. Là, je n'ai pas de secrets, ni de recette miracle. Il faut les connaître et pour cela, il faut que vous activiez vos trois types de mémorisation :

J'entends, je vois, je fais...

LES 187 MOTS DÉCLENCHEURS DE DYSORTHOGRAPHIE

(MOTS SUR LESQUELS IL EST IMPOSSIBLE DE POSER UNE IMAGE MENTALE)

1	a	cela
2		ma
3		sa
4		la

5	à	déjà
6		jusqu'à
7		voilà
8		celui-là
9		celle-là
10		là

11	c	donc

12	d	d'abord
13		quand
14		tard

15	e	lorsque
16		laquelle
17		arrière
18		aucune
19		autre
20		l'autre
21		ce
22		cette
23		celle
24		chaque
25		chacune
26		comme
27		encore
28		dernière
29		derrière
30		davantage
31		entre
32		la mienne
33		la tienne
34		la sienne
35		le nôtre

36		le vôtre
37		même
38		ne
39		presque
40		peut-être
41		parce que
42		quelque
43		sûre
44		que
45		telle
46		guère
47		naguère

48	é	malgré
49		à côté

50	i	aussi
51		parmi
52		ainsi
53		aujourd'hui
54		ceci
55		celui
56		celui-ci
57		celle-ci
58		lui
59		pourquoi
60		quoi

61		qui
62		si
63		voici
64		ni

65	l	lequel
66		tel

67	n	aucun
68		combien
69		loin
70		selon
71		environ
72		d'environ
73		l'un
74		un
75		chacun
76		environ
77		le mien
78		le tien
79		le sien
80		non
81		rien
82		demain
83		sinon
84		son
85		de toute façon